ARRÊT

DE

LA COUR SUPRÊME.

IMPRIMERIE DE E.-B. DELANCHY,
Faubourg Montmartre, 11.

ARRÊT

DE

LA COUR SUPRÊME,

TOUCHANT

LE MAGNÉTISME ANIMAL,

M. J.-J.-A. Ricard,

Professeur de Magnétologie,

ET

Mlle VIRGINIE,

SOMNAMBULE MAGNÉTIQUE.

—

PRIX : 50 CENTIMES.

PARIS.

CHEZ L'AUTEUR, RUE DE LONDRES, 10,

ET CHEZ LES LIBRAIRES.

—

1843.

ARRÊT

DE

LA COUR SUPRÊME.

Tous les journaux de Paris ont annoncé récemment la décision de LA
COUR SUPRÊME du royaume, dans le
procès intenté à M. J.-J.-A. RICARD, directeur de l'Institut magnétologique, et
à Mlle VIRGINIE, somnambule, par M. Eugène Dufraysse-Lafeuillade, procureur
du roi à Bressuire; mais la plupart des
feuilles quotidiennes n'ont pu porter à
la connaissance du public les faits incriminés. Comme il importe à l'intérêt de
la science magnétologique, en même
temps qu'à la réputation des deux ac-

cusés, que tout le monde puisse apprécier les circonstances les plus saillantes de ce procès étrange, en voici l'exposé succinct et exact.

M. Pihoué, malade depuis plusieurs années, traité vainement par les médecins de son pays et les savants de la capitale, ayant appris que Mlle D........, du département des Deux-Sèvres, considérée comme incurable par les médecins, avait été guérie par les soins de M. Ricard, aidé des conseils de Mlle Virginie, résolut de s'adresser à ce magnétiseur, et lui demanda une consultation de somnambule. Cette consultation, donnée sous la tutelle de M. le docteur Chapelon, l'un des médecins attachés à l'établissement de M. Ricard, sur une boucle des cheveux du malade, est de la plus grande vérité, au témoignage de tous, même des médecins ordinaires de M. Pihoué. Ce fait est acquis au procès.

La consultation fut payée, au taux du règlement de la maison, 5o fr. Le malade, joyeux autant qu'étonné d'une consultation semblable, résolut de se faire magnétiser, ainsi que le prescrivait la somnambule. Ayant confiance plus en l'expérience de M. Ricard qu'en celle de tout autre magnétiseur, il pria sa famille d'écrire à Paris pour engager le professeur de magnétologie à faire le voyage de Bressuire. Mme Branger, grand'mère du malade, lui écrivit. Les conditions du voyage furent réglées d'avance. M. Ricard et Mlle Virginie allèrent à Bressuire, virent M. Pihoué et lui donnèrent leurs soins, avec l'assistance de ses deux médecins ordinaires. Le mieux fut remarquable au bout de trois jours. M. Pihoué, sur l'avis de ses médecins, et du consentement de sa famille, voulut venir à Paris. M. Ricard consentit à l'emmener, à lui donner un logement chez lui, et voilà le malade en traitement dans l'Institut magnétologique, sous la direction de M. le docteur Chapelon, soigné avec tous les égards imaginables. La femme et le beau-frère du malade vinrent le voir et le trouvèrent dans un état si satisfaisant qu'ils comblèrent M. Ricard de bénédictions et le prièrent de continuer.

Il y avait un mois que M. Pihoué était à Paris, lorsque le bruit de sa guérison s'étant répandu à Bressuire, M. le procureur du roi Lafeuillade fit arrêter et conduire en prison le magnétiseur ainsi que la somnambule. Pas la moindre plainte avouée, pas la moindre chose, rien qui pût motiver cette mesure ; c'est encore démontré.

M. Pihoué dénonça la conduite singulière de M. le procureur du roi à M. le procureur-général de Poitiers ; il écrivit à M. Ricard des lettres de consolation. M. Legressier, maire de Thouars, beau-frère de M. Pihoué, écrivit aussi au professeur une lettre dans laquelle il le comble d'éloges, en lui exprimant toute sa reconnaissance des soins donnés à M. Pihoué. Tout en déplorant les rigueurs du parquet de Bressuire, dont la conduite, dit-il, est INFAME ! M. Legressier donne dans cette lettre, très-probablement, les moyens d'arriver à connaître les meneurs du procès, plutôt fait, selon lui, en vue d'empêcher la guérison de M. Pihoué, que par un motif réel de blâme contre les accusés. D'autres personnes ont aussi écrit à M. Ricard d'autres lettres qu'il tient en réserve pour démasquer, quand il le jugera opportun, toutes les machinations dont il est victime.

Depuis plus d'une année, la somnambule et le magnétiseur, persécutés affreusement, se trouvent ruinés de fond en comble par ce malheureux procès, auquel ils étaient loin de s'attendre.

M. Ricard et Mlle Virginie ont été condamnés comme *escrocs* à Bressuire par des juges qui affirment que le magnétisme (dont ils ne devaient point, d'après leur premier *considérant*, apprécier le mérite et la valeur) est un *pouvoir imaginaire, chimérique, repoussé par le bon sens, et qu'on ne saurait admettre*, prétendent-ils, *sans faire abnégation de sa raison.*

Ils ont appelé de cette sentence,

et le tribunal de Niort, *par les mêmes motifs qui ont déterminé les premiers juges*, a confirmé leur décision en aggravant énormément la peine prononcée contre les prévenus. Une chose digne de remarque, c'est que, dans l'excès de leur zèle, messieurs les magistrats ont écrit dans leur jugement quelque chose si évidemment contraire à la vérité, qu'il leur sera bien difficile de faire croire que ce n'est qu'une erreur qu'ils ont commise.

Il est démontré par tous les témoignages qu'aucune *manœuvre frauduleuse* n'a été commise par les accusés ; que la consultation, déclarée *impossible* par les deux tribunaux, est de la plus grande vérité ; que le magnétisme, déclaré *pouvoir imaginaire*, avait guéri, pour ainsi dire, M. Pihoué d'une maladie épileptiforme dont il était atteint, comme il a guéri des milliers de personnes abandonnées de la médecine ordinaire; que le malade, sa famille, ses médecins, ses amis, ont proclamé tout haut, en face de la justice, leur reconnaissance envers le magnétiseur.

Sur pourvoi, la Cour suprême a prononcé la cassation de l'arrêt qui a frappé M. Ricard et Mlle Virginie, parce qu'aucun des caractères de l'escroquerie n'existe dans le fait pas plus que dans le droit, en cette affaire incroyable. M. Mandaroux-Vertamy, chargé de la défense, a démontré à messieurs les magistrats souverains la fausse application de la loi qu'ont faite contre les prévenus messieurs les juges de Bressuire et messieurs les juges de Niort, à qui M. Ricard n'avait pourtant pas laissé ignorer l'état de la question qu'ils se proposaient de résoudre, puisqu'il avait dit à ceux-ci à peu près ce qu'il avait exposé, en d'autres termes, à ceux-là.

Afin qu'on puisse apprécier tout le désir qu'avait M. Ricard d'éclairer les arbitres de son sort sur l'objet dont ils ne pouvaient se dispenser de s'occuper spécialement à l'occasion de son procès, voici le discours prononcé par ce professeur devant messieurs les magistrats du tribunal d'appel :

« Messieurs,

« S'il ne s'agissait dans cette cause que de ma défense personnelle, je me serais abstenu de porter la parole devant vous. Mais un intérêt plus puissant, celui du Magnétisme dont je suis depuis dix ans passés l'un des apôtres les plus dévoués, m'oblige de vous présenter quelques considérations auxquelles je vous prie d'être attentifs.

« Pour ne pas abuser de vos moments, je serai aussi concis que je le pourrai.

« Il y a peu d'années, le Magnétisme ne s'offrait à mon esprit que comme un système. Aujourd'hui, grâce aux instructions précieuses que m'ont fournies les hommes les plus distingués dans les sciences, les ouvrages des auteurs les plus estimés, les observations des somnambules les plus clairvoyants, et aussi, j'ai l'orgueil de le croire, aux réflexions qui me sont propres, la Magnétologie n'est plus une science hypothétique, conjecturale, que peut faire naufrager le moindre vent d'une controverse ennemie; c'est une doctrine positive, reposant sur des faits certains, avérés, dont la reproduction est constante dans toutes les conditions semblables.

« Lorsqu'une vérité n'est pas encore généralement établie; que ses manifestations ne sont pas évidentes pour tous ; que sa théorie, toute nouvelle, ne repose pas sur des preuves purement matérielles ; qu'elle semble en quelque sorte enveloppée d'un voile mystérieux dont la transparence ne se révèle à l'esprit qu'à force d'observations et de recherches ; que son établissement renverserait sans doute les idoles de l'erreur accréditée dans la société ; les défenseurs de cette vérité, je le sais, quels que soient les moyens qu'ils emploient, la force de leur conviction, la franchise de leur caractère, le zèle qui les anime, doivent nécessairement rencontrer sur leur route une foule d'obstacles difficiles à surmonter.

« La Magnétologie, objet spécial de mes études, est plus que toute autre science propre à inspirer la méfiance, l'incrédulité, pis encore, peut-être. C'est que les phénomènes naissant de son application sont si extraordinaires, si surprenants, si en dehors des lois généralement adoptées, que la raison se refuse presque à admettre leur réalité. Cependant, quand un fait, quelque anomal qu'il soit, est constaté d'une manière rigoureuse par les hommes les plus pénétrants, les plus instruits, les plus impartiaux, est-il permis d'en nier l'existence? doit-on le répudier sans pitié, par cela seul qu'il vient pour un moment contrarier nos idées, et forcer notre esprit à un nouveau travail?.... Non, assurément, non; car, plus nous avons de difficultés à vaincre, plus notre courage grandit; et il n'est peut-être pas un seul homme qui, adonné à l'étude de la philosophie, n'éprouve un sentiment de bonheur intime au moment où il a besoin de déployer toute son énergie!

« Pour moi, messieurs, qui ai eu l'honneur de professer à l'Athénée royal de Paris, dans ce sanctuaire des Sciences et des Arts où tant d'illustres savants tels que La Harpe, Marmontel, Chénier, Népomucène Lemercier, Garat, Daunou, Victorin Fabre, de Gérando, Ampère, Auguste Comte, Fourcroy, Monge, Deparcieux, Ventenat, Cuvier, de Blainville, Brongniart, Thénard, Dumas, Pouillet, etc., etc., ont fait entendre leur voix puissante; où chaque jour des hommes d'un mérite supérieur viennent apporter à leurs auditeurs le fruit de leurs veilles laborieuses, je n'ai nullement la prétention de vous imposer mes croyances. Je vous demande seulement de me suivre avec toute l'attention dont vous êtes capables ; de suspendre votre jugement jusqu'à ce que je vous aie fourni, outre les preuves si péremptoires que vous a déjà données mon avocat, des témoignages non équivoques de la réalité de phénomènes analogues, identiques, à ceux que les juges de Bressuire ont déclarés *imaginaires, chimériques, fallacieux* ; d'attendre que votre religion soit suffisamment éclairée, pour que votre opinion soit invariablement fixée sur le magnétisme et la valeur de ses effets, afin de ne pas tomber dans l'erreur la plus funeste et d'éviter la faute où pourrait vous conduire une trop grande précipitation.

Loin de solliciter de vous une confiance aveugle en mes écrits personnels, je ne mettrai sous vos yeux que les ouvrages des hommes les plus désintéressés pécuniairement dans la question qui nous

2*

occupe, des personnages les plus distingués, tant sous le rapport des connaissances profondes dont ils ont rendu leurs livres dépositaires, que sous celui de leur position sociale et des hautes dignités dont le gouvernement les a revêtus.

« Les opinions de tels hommes écarteront, je l'espère, de vos esprits ces idées de compérage, de supercherie, de fraude, auxquelles se sont abandonnés messieurs les magistrats qui m'ont condamné comme escroc.

« Messieurs, depuis que l'immortel Mesmer, ce savant méconnu, dont l'esprit investigateur s'éleva à la hauteur du génie, est venu offrir aux hommes le moyen de combattre avec succès, de prévenir même les maux auxquels nous sommes exposés, un grand nombre d'écrivains d'un mérite incontestable ont successivement ou simultanément rendu hommage à l'agent magnétogène, quelques-uns l'ont même préconisé. On a vu le docteur d'Eslon, premier médecin du comte d'Artois, soutenir hautement l'excellence de cet agent. Cent autres médecins ou savants ont constaté dans le même temps que lui la réalité de phénomènes que les sociétés scientifiques rejetèrent sans examen ; car il est avéré que les commissaires nommés par Louis XVI, en 1784, pour suivre les expériences, ne daignèrent pas prendre les soins qu'exigeait leur mission délicate ; et malgré tout le respect que je porte à la mémoire des illustres membres de cette commission, je ne saurais approuver leur conduite en cette occasion si importante.

Au milieu des débats qui eurent lieu alors, des personnes considérables, convaincues de l'existence du magnétisme, en prirent publiquement la défense, et sacrifièrent dans l'intérêt de cette cause, non-seulement des sommes énormes, mais encore un temps précieux, et jusqu'à leur santé, qu'elles prodiguaient journellement aux malheureux à qui elles conservaient la vie.

« L'illustre marquis de Puységur, dont les travaux passeront à la postérité ; le docte et respectable Deleuze, dont les écrits modestes et précieux enrichissent toutes les bibliothèques ; l'immortel Cuvier, dont le vaste génie a tant fécondé le champ des sciences naturelles ; le célèbre Laplace ; le docteur Georget, qu'une mort prématurée est venue arracher impitoyablement à ses laborieuses études, dans le temps où il s'occupait de recherches physiologiques et psychologiques de la plus haute importance ; M. Dupotet, dont le zèle et le courage ont tant fait pour la Magnétologie ; le professeur M. Husson, membre de l'Académie de médecine, qui, dans toutes les occasions, a défendu avec tant de supériorité le Magnétisme et les Magnétiseurs contre les attaques dont ils étaient l'objet ; M. Fouquier, actuellement premier médecin du Roi, qui, comme feu son prédécesseur le docteur Marc, n'a pas craint de s'avouer partisan du magnétisme et d'en soutenir la défense ; l'habile professeur M. Rostan ; notre grand chirurgien M. Jules Cloquet ; M. Orfila, doyen de la faculté de médecine de Paris ; MM. les académiciens Bousquet, Ribes, Réveillé-Parise, Adelon, Pariset, et une foule d'autres savants du plus grand mérite, qui ont attesté les faits les plus surprenants; voilà, je pense, assez de nobles boucliers à l'abri desquels les magnétiseurs peuvent soutenir les attaques de leurs adversaires.

« Permettez-moi d'ouvrir d'abord l'un des ouvrages d'un homme dont la bonne foi et les lumières ne sauraient vous être suspectes, et qui occupe dignement une des premières places dans la haute magistrature du royaume. Ce livre, l'une des plus précieuses productions de la pensée, a pour titre : *Essais de psychologie physiologique* (1). Veuillez écouter ce qui y est dit, page 273, etc. (Suivent une foule de citations tirées de nos meilleurs auteurs, et du rapport fait à l'Académie royale de médecine, par ses propres commissaires, en 1831).

« A ces citations déjà si nombreuses, que j'ai cru devoir vous faire dans l'intérêt de la justice,

(1) Un volume in-8°, par C. Chardel, conseiller à la Cour de cassation; Paris 1838. Chez Germer-Baillière, rue de l'École-de-Médecine, 17.

dans celui de la raison, dans celui de vos propres consciences, j'en pourrais ajouter une foule d'autres non moins concluantes en faveur de ma conduite; mais je crois qu'il serait superflu d'accumuler un plus grand nombre de preuves de la réalité des faits incriminés; il est plus convenable, selon moi, de vous soumettre un rapide aperçu de la doctrine que je tiens à honneur de professer.

« Messieurs, je définis le Magnétisme animal : la manifestation de la faculté que possèdent tous les êtres organisés d'agir les uns sur les autres et chacun sur soi-même. Le principe de ce Magnétisme est le fluide qui entretient l'action vitale, et que les physiologistes ont appelé *fluide nerveux*. Ce principe, apparemment secondaire, est, à bien dire, la modification du principe primordial, unique, universel, que je crois avoir indiqué dans mon *Traité du Magnétisme* (1). Le moyen d'action

(1) Un volume in-8º, de 568 pages, édité par Germer-Baillère; Paris, 1841.

est la volonté. C'est par la volonté qu'on met en jeu le principe, qu'on l'envoie, avec plus ou moins de force, du centre vers les extrémités. C'est par la volonté qu'on dirige ce principe, qu'on le fait franchir les extrémités organiques, et qu'on en imprègne les corps dans lesquels on a désiré le fixer. Les gestes connus sous le nom de *passes* ne sont que des auxiliaires ; auxiliaires utiles, mais non indispensables. Ces opérations ne sont pas probables *à priori* d'une manière absolue ; mais elles le sont incontestablement d'une manière relative.

« Je vais faire en sorte de vous rendre plus évident, par quelques comparaisons, ce que je viens d'avoir l'honneur de vous exposer.

« Si un homme veut soulever d'une main un poids qu'il suppose très-lourd, il enverra, par sa volonté, dans les nerfs qui doivent forcer les muscles de son bras à la contraction nécessaire, toute la puissance dont il peut disposer ; et à moins que le poids ne surpasse ses forces, il l'enlèvera de terre. Mais si cet homme suppose

que le même poids soit extrêmement léger,
il n'apportera dans son désir de le soulever
qu'une volonté faible , et alors il ne l'ébranlera
seulement pas, quelle que soit sa force muscu-
laire habituelle. Dans le premier cas, il aura
voulu envoyer des centres nerveux à l'une de
ses extrémités le principe d'action ; dans le second, sa volonté trop faible n'aura fait parvenir
à cette extrémité qu'une portion insuffisante de
ce principe.

« Si l'on se met en contact avec une torpille
ou tout autre poisson électrique, on éprouvera
un engourdissement sensible, dû au dégage-
ment du fluide. Alors le principe aura fran-
chi la périphérie du corps de l'animal pour
imprégner l'individu qui l'aura touché.

« Si un homme doué d'un grand courage
est froissé par un lâche, son regard suffit pour
paralyser son pusillanime adversaire. Alors,
encore, le principe franchit l'épanouissement
du nerf optique et imprègne celui sur lequel il
a été dirigé, même à l'insu de son détenteur.

« En un mot, si tous les philosophes ont reconnu la réalité des sympathies et des antipa-
thies, il est impossible de trouver l'explication
de ces phénomènes sans admettre comme base
fondamentale de leur production, comme cause
déterminante, précisément ce même principe
du Magnétisme.

« Vous paraîtrait-il utile, messieurs, que
je vous développasse ma théorie tout entière?...
L'homme intelligent, quelque étranger qu'il
soit aux études des sciences naturelles, peut ai-
sément comprendre la possibilité des faits pour
lesquels les magistrats de Bressuire m'ont condamné en les jugeant imaginaires; or, s'il est
reconnu que certains résultats sont possibles
comme conséquents de causes qu'on ne saurait
nier, pourquoi donc voudrait-on soutenir leur
non-existence ?....

« Je m'abstiendrai de vous parler, messieurs,
de la contradiction singulière qu'on remarque
dans les considérants du jugement qui me condamne; cette contradiction est si blessante que

quand même mon avocat n'eût pas pris soin de vous la démontrer, elle n'eût point échappé à vos esprits. Je désire seulement vous ramener, pour un instant encore, à la suite de l'aperçu de ma théorie, en vous priant de croire que je n'ai rien tant à cœur que de dissiper vos doutes sur l'objet de votre examen actuel, l'arrêt que vous allez prononcer dépendant, je le présume, du plus ou du moins de clarté que je répandrai sur un sujet généralement considéré comme obscur.

« Je vous ai dit le Magnétisme, son principe, les effets les plus ordinaires qui en résultent ; passons, à présent, aux conditions du sommeil naturel, aux différents états qui se présentent dans cette crise, et voyons si le sommeil magnétique n'offre pas des analogies indubitables avec ce sommeil naturel.

« Dans mon opinion (et en avançant l'hypothèse qui va suivre, je ne crains point de commettre une hérésie scientifique); dans mon opinion, dis-je, le sommeil naturel ne nous envahit que lorsque le système que j'appelle céré-bro-nerveux a été surexcité, conséquemment fatigué par un travail quelconque ou par des agents de nature à déterminer l'excitation, la fatigue. Ainsi, soit qu'on ait beaucoup marché, travaillé, lu, écrit, ou pensé, soit qu'on ait bu avec excès des boissons alcoholiques, qu'on ait pris des narcotiques sous une forme quelconque, qu'on ait mangé outre mesure, ou au contraire qu'on soit en proie aux tourments de la faim (car les deux extrêmes produisent également les mêmes résultats); soit, enfin, qu'on subisse quelque affection cataleptiforme, hystérique, etc., le sommeil vient s'emparer de la machine organique, des facultés sensibles, et les asservit irrésistiblement. Pour les individus qui sont dans un état normal de santé ou qui rapprochent de cet état, et qui suivent les habitudes sociales des Européens, ce sommeil est périodique. Cette périodicité est là conséquence forcée de l'uniformité de conduite ; mais elle subit des perturbations aussitôt que les habitudes sont

dérangées. Eh bien ! si les causes que je vous
ai indiquées (et à mon avis cela est incontestable) déterminent le sommeil ordinaire, pourquoi n'admettrait-on pas que l'accumulation, la
surabondance, la superfluité, si l'on veut, du
principe magnétique, dans l'organisme d'un individu, puisse produire un effet identique ?...
Quelques physiciens ont prétendu, je le sais,
que le sommeil provoqué magnétiquement n'é-
tait dû qu'à l'espèce de monotonie dans laquelle
on ensevelit, selon eux, le pauvre patient, à
l'ennui occasioné par les gestes, à la faiblesse
de l'imagination, à l'éréthisme de la peau, etc.
Je ne nie point que cela ne puisse avoir une
certaine influence, dans quelques cas, sur la production des effets magnétophœnes. Je reconnais
même que l'état de l'atmosphère, la qualité
de l'air ambiant, les courants électriques,
aident l'action ou nuisent à son développe-
ment ; cependant, comme on peut magnétiser
un individu placé dans un milieu différent de
celui où l'on se trouve soi-même au moment

de l'acte ; comme on obtient, sans faire aucune passe, exactement les mêmes phénomènes qu'en gesticulant, et qu'enfin, on produit ces effets à de grandes distances, sur des animaux, sur des enfants, sur des personnes ignorant qu'on agit sur elles, je ne saurais accorder que les prétentions de nos dissidents soient fondées.

« Et si l'on ne veut pas comprendre que l'agent magnétogène puisse provoquer le sommeil, comprend-on donc mieux que chacune des autres causes que nous avons énoncées ait une vertu somnifère?.... Ou nous devons nous en tenir à l'acceptation des faits purement et simplement, sans chercher à en trouver l'explication, ou nous devons, par le raisonnement, aller du connu à l'inconnu, *de ce qui est admis par tous, à ce qui n'est accepté que par un petit nombre, ou même par personne encore.*

« Jusqu'ici, messieurs, je suis resté dans le champ de la physique, de la physiologie ; mais en abordant les phénomènes curieux que l'on

observe dans le sommeil dit naturel, je suis for-
cé d'entrer dans le domaine de la psychologie ;
car, vous le savez, la matière ne pense point ;
le corps n'est qu'un automate obéissant au ressort caché dont l'Être-Suprême a voulu qu'il
fût temporairement pourvu.

« Dans le sommeil non magnétique, tout
le monde le sait, on voit apparaître le Rêve, le
Songe, la Somnoloquie, le Somnambulisme, le
Mensambulisme, quelquefois l'Extase.

« Voici comment je distingue ces différents
états :

« Le Rêve est un jeu bizarre d'une imagination en délire.

« Le Songe est une vision, une sensation,
une prévision, une intuition, quelquefois tout
cela ensemble ; et il ne saurait y avoir d'erreur
que dans l'interprétation des images, des allé-
gories, des symboles qui s'y rencontrent assez
fréquemment.

« La Somnoloquie est un babil erronné,
quand elle dépend du Rêve ; quand elle dépend

du Songe, au contraire, c'est un discours tantôt monologué, tantôt dialogué, tantôt polylogué, dont toutes les parties sont en parfait accord et d'un rationalisme admirable.

« Le Somnambulisme est l'obéissance de l'appareil locomoteur à l'impulsion d'ambulance que lui communique le système cérébro-nerveux.

« Le Mensambulisme est une promenade d'esprit pendant la station du corps, l'absorption momentanée des organes matériels.

« L'Extase est un état supérieur que j'ai examiné et décrit dans mon *Traité du Magnétisme*. C'est la contemplation des choses hyperphysiques, dans un but d'utilité morale, religieuse ; c'est l'état dans lequel l'homme encore lié à la terre reçoit de véritables inspirations célestes.

« Il me serait impossible, messieurs, de vous développer ici toute ma théorie de cet immense sujet : un si long exposé ne serait point opportun en ce moment.

« Je vous ai dit, messieurs, les phénomènes qui apparaissent dans le sommeil naturel, je vous ai dit les différentes formes que présentent ces différents états. Eh bien! toutes ces choses se reproduisent dans le sommeil dit magnétique. Ainsi, le magnétisé comme le dormeur, ou en d'autres termes, et pour parler un langage plus généralement compris, le somnambule artificiel, tout comme le somnambule naturel, peut voir dans les ténèbres les plus profondes, à travers les corps opaques, à de grandes distances, et même outre-mer, les objets sur lesquels il fixe son attention ; il sent, goûte, touche et entend, par une immense extension de ses facultés de l'état de veille, ce qu'il veut sentir, goûter, toucher, entendre, soit de près, soit de loin, quant au présent, au passé, à l'avenir ; car le temps et l'espace n'existent point pour le somnambule. Or, il a la faculté d'apprécier le degré de santé ou de maladie de chaque individu qu'il examine, et celle de discerner les moyens à mettre en usage pour guérir non-seulement les corps malades, mais encore les âmes souffrant en ce monde. Et il ne faut pas croire qu'il y ait là du *surnaturel* et que les magnétistes doivent être frappés d'excommunication. Rien au contraire n'est plus *naturel*, rien n'est moins hétérodoxe, quelque étrange que cela puisse sembler au premier aperçu. Vous ne verrez donc à présent aucune impossibilité à ce qu'une consultation soit donnée par un somnambule à Paris, pour un malade à Bressuire, alors même que ce somnambule n'entrerait en contact avec aucun objet pouvant faciliter son rapport avec la personne qu'il doit explorer :

Dans le consentement, les âmes se conjoignent.

« Il me reste à vous dire quelques mots du Magnétisme appliqué comme agent thérapeutique. Je ne vous répèterai point ma définition de ce principe et de son mode d'action en général, je vous soumettrai simplement ce dilemme : si les animaux peuvent produire, par une vertu inhérente à leur nature, des perturbations plus ou moins grandes dans l'organisme d'un individu vers lequel ils dirigent leur action, est-il déraisonnable de croire que l'homme, le roi des êtres vivants, puisse opérer chez autrui, par une puissance qui lui est propre, des révolutions salutaires ou nuisibles, selon la direction qu'il donne à cette puissance?.... Je pourrais ajouter que si deux métaux acquièrent par une disposition particulière la propriété de foudroyer un bœuf, d'atténuer, de guérir certaines affections, je ne saurais comprendre qu'on refusât de reconnaître que l'agent magnétogène soit pourvu d'une vertu curative.

« Voilà, messieurs, les considérations que j'avais à vous présenter, afin de vous mettre à même d'apprécier une question encore peu connue. Maintenant je me résume : la magnétisation peut provoquer le sommeil; l'individu magnétisé peut voir à distance, connaître les moyens de traitement pour le malade qu'il a exploré : la consultation même envoyée de Paris à

M. Pihoué, à Bressuire, en est la preuve irréfragable. L'agent magnétogène a une propriété curative : la rapide et inespérée amélioration de la santé de M. Pihoué lui-même ne permet pas d'en douter. En un mot, LE MAGNÉTISME EST UNE VÉRITÉ DÉMONTRÉE, et par cela seul, une chose utile! Si vous pensez à présent que je me trompe, CONDAMNEZ-MOI : je saurai souffrir ; je n'apostasierai jamais ! »

M. Ricard et sa somnambule n'ont point, en effet, répudié la noble et sainte mission à laquelle ils se croient l'un et l'autre engagés ; et à travers toutes les misères qu'ils ont eu à subir, ils n'ont point cessé de s'appliquer à la science magnétologique, pour laquelle, par bonheur, la sage décision de la Cour suprême leur permet de se dévouer encore.

COUR DE CASSATION.

Audience du 18 août 1843.

Présidence de M. le baron de Crouseilhes. — M. de la Palme, avocat-général, portant la parole.

Un public nombreux occupait l'auditoire. Il se composait, en grande partie, de personnes faisant de la science magnétologique et du somnambulisme leur profession habituelle. On y remarquait aussi les partisans de la science.

Le pourvoi formé par M. Ricard et Mlle Virginie Plain, condamnés par le tribunal de Niort à six mois de prison, soulevait comme principale question celle de savoir si la faculté de décrire pendant le sommeil magnétique, à l'aide du simple contact d'une boucle de cheveux, les symptômes d'une maladie, pouvait être, dans l'état de la science, considérée par des juges correctionnels comme un pouvoir purement imaginaire, donnant lieu à l'application des peines de l'escroquerie. Venaient ensuite les questions de faits qui avaient paru au tribunal de Niort constituer les manœuvres frauduleuses formant, d'après le même article, l'un des autres éléments essentiels du délit.

M. le conseiller Jacquinot Godard, rapporteur, a exposé les faits du procès, donné lecture du jugement du tribunal de Bressuire, confirmé sur appel par le tribunal de Niort, lequel a porté à six mois d'emprisonnement la peine d'un mois antérieurement prononcée par le tribunal de Bressuire; il a présenté l'analyse des moyens du pourvoi, en faisant ressortir quelques circonstances de faits qui lui paraissaient à la charge des prévenus. Prévoyant qu'on pourrait se laisser entraîner à discuter, à l'occasion de ce procès, le mérite en lui-même de la science magnétologique, le rapporteur s'est demandé si une discussion de cette nature serait autorisée devant la Cour.

M. Mandaroux Vertamy, avocat des prévenus, a pris la parole en ces termes :

Je n'ai pas, a-t-il dit, la ridicule pensée de vous apporter, à l'occasion de ce débat, une thèse académique et littéraire en l'honneur de la science magnétologique. Pour me jeter dans une pareille entreprise, il me faudrait, en effet, d'une part, des connaissances techniques qui me manquent, je l'avoue, totalement ; de l'autre,

j'aurais à étaler, touchant la nature de vos at-
tributions, une ignorance personnelle que je
ne puis être désireux de montrer.

Ce n'est donc pas un arrêt en faveur du magnétisme que je viens solliciter de votre justice,
mais je viens vous demander si vous devez con-
sacrer la décision d'un tribunal correctionnel
qui, n'ayant eu ni le courage ni la franchise de
proscrire ouvertement cette découverte comme
il en avait certainement la volonté, a cru,
par un moyen détourné, arriver aux mêmes fins en appliquant les peines infamantes
de l'escroquerie à deux personnes d'un mérite
distingué, dont tout le tort, il faut bien le dire,
est d'avoir mis en pratique les préceptes et les
méthodes qui forment le fondement de la
science magnétologique.

Et dans quelles circonstances le sieur Ricard
et la demoiselle Plain ont-ils été frappés de
cette condamnation injuste et imprévue?

C'est au moment où ils recevaient, l'un et
l'autre, du malade soulagé par leurs soins les
témoignages les plus touchants d'une tendre gra-
titude, quand sa famille tout entière exprimait

aux deux prévenus les mêmes sentiments, quand ses amis les plus dévoués venaient spontanément s'associer à ce concert d'éloges, et quand les propres médecins du malade, après avoir assisté aux expériences publiquement tentées par le professeur, s'empressaient, en gens d'honneur, de déclarer qu'elles avaient été conduites avec sagesse et bonne foi, et qu'enfin elles avaient été suivies d'un succès favorable au malade, qui s'y était d'ailleurs volontairement soumis.

Voilà, Messieurs, dans quelles circonstances, sur les plaintes et les délations d'on ne sait qui, le ministère public de Bressuire a, d'office, fait lancer un mandat d'amener contre M. Ricard et Mlle Virginie Plain, les a frappés dans leur honneur et leur existence sociale, a fait prononcer contre eux une condamnation qui les flétrit des peines avilissantes de l'escroquerie. Au temps où nous vivons, Messieurs, et au milieu des désordres de tous genres qui épouvantent l'homme de bien, quelle étonnante rigidité est venu montrer ici le ministère public de Bressuire. C'est le cas de dire, heureuses et mille fois heureuses les contrées où, sous peine de rester inactif, l'homme de la loi, le gardien, le vengeur de la morale publique, est réduit à s'attaquer à des faits et des actes en apparence si peu criminels.

Il nous reste, Messieurs, à remplir une tâche qui, toute circonscrite qu'on veuille la faire, nous laisse néanmoins, devant des magistrats tels que vous, un gage certain de sécurité, c'est celle de savoir si les faits déclarés constants par les deux décisions qui vous sont déférées, et à les prendre tels qu'ils sont, suffisent pour constituer le délit d'escroquerie prévu et puni par l'article 405.

Après quelques variations, votre jurisprudence a fini par fixer d'une manière définitive l'étendue de votre juridiction en matière d'escroquerie. Vous n'allez point à la recherche des faits, vous acceptez comme établis ceux qui sont déclarés tels par les décisions qui vous sont soumises, mais vous vous êtes, Dieu merci, réservé le droit d'apprécier par vous-mêmes le caractère légal et en même temps la moralité de ces faits, sans vous préoccuper de la qualification

qu'ils ont reçue devant les tribunaux infé-
rieurs. C'est là le dernier état de votre jurisprudence.

Ici l'avocat retrace l'historique du procès. Il
établit que le sieur Pihoué, homme du monde,
ancien maire d'un chef-lieu d'arrondissement, a
appelé de son plein gré M. Ricard et Mlle Virginie Plain auprès de lui, et sans qu'il y ait eu
de provocation, soit directe, soit indirecte, de la
part de ces derniers.

Ainsi, dans le cours de l'instruction,
Mme Branger, grand'mère de Mme Pihoué,
dépose que, *par curiosité plutôt qu'autrement*,
M. Pihoué écrivit à M. Ricard et lui envoya
une mèche de ses cheveux. D'où venait à
M. Pihoué, malade, ce sentiment de curiosité?
Il le devait à Anne Bertrand, sa cuisinière,
qui, ayant été au service de M. Des Anneaux
de Chiché, avait entendu souvent ses anciens
maîtres s'entretenir des cures merveilleuses de
M. Ricard, notamment sur la personne de
Mlle Des Anneaux, à qui M. Ricard avait donné
des soins couronnés de succès. M. Pihoué écrivit à M. Des Anneaux pour avoir des rensei-

gnements exacts. Mme Des Anneaux répondit à
M. Pihoué que ce qu'on avait rapporté de M. Ricard était vrai, que M. Ricard était un homme
tout-à-fait extraordinaire, et qu'elle et son
mari avaient été témoins de guérisons miracu-
leuses opérées par lui. M. et Mme Des Anneaux, entendus dans l'instruction, ont confirmé l'exactitude du fait en indiquant quels
genres de malades avaient été, sous leurs propres yeux, traités avec un entier succès par
M. Ricard, dans l'Institut magnétologique qu'il
possédait alors à Paris.

La consultation demandée est envoyée par le
sieur Ricard. Au sujet de cette consultation, le
médecin du malade, M. Bienvenu, dépose :
« Elle me fut communiquée, elle avait de
quoi frapper M. Pihoué; elle était en effet la
représentation exacte des principaux accidents
auxquels le malade était sujet. »

Même déposition de la part de Mme Pihoué.
M. Ricard disait dans sa lettre que s'il se dé-
plaçait personnellement avec sa somnambule,
c'était une indemnité de 1,500 fr. qu'il lui fallait ; 1,000 fr., au contraire, étaient suffisants si

on se contentait de son premier élève. Il avait soin d'ajouter que le maître ou l'élève opèrerait, suivant leur usage, sous les yeux des médecins du malade. Sur cette réponse, M. Ricard fut appelé. Les expériences eurent lieu publiquement, en présence des médecins du sieur Pihoué; elles furent concluantes autant au moins que la consultation. M. Pihoué résolut alors d'essayer d'un traitement magnétique qui serait suivi dans toutes les formes. Pour cela, il fallait, ou conserver M. Ricard et Mlle Plain à Bressuire, ou venir avec eux à Paris. Le choix entre ces deux partis ne pouvait être douteux : du plein assentiment de sa famille, M. Pihoué se rendit à Paris. Rendu à Paris, M. Pihoué donne exactement de ses nouvelles à sa famille. Pendant qu'il reçoit dans l'établissement du sieur Ricard les soins qu'il est venu chercher, sa famille et ses amis viennent le visiter.

Mme Pihoué dépose, dans l'instruction : « Aussitôt mon arrivée à Paris, je trouvai mon mari dans l'état le plus satisfaisant, et je ne puis refuser à M. Ricard l'expression de ma vive reconnaissance pour les heureux résultats qu'il a obtenus en si peu de temps. Quoi qu'on ait pu dire, mon mari était dans un état de santé satisfaisant, et dans tous les cas, bien meilleur qu'il n'avait été depuis trois ans. »

M. Chauvin de Lénardière, ami du malade, dépose : « Je suis allé voir fréquemment M. Pihoué ; je l'ai toujours trouvé entouré des plus grands soins, je dirais presque des plus minutieux.... on allait jusqu'à se lever la nuit pour voir s'il était tranquille, et le magnétiser, s'il ne dormait pas.... Je voyais de jour en jour l'état physique et moral de M. Pihoué devenir plus satisfaisant. »

C'est au milieu de ce qu'on peut appeler le triomphe obtenu par M. Ricard, qu'un mandat d'amener est lancé de Bressuire et contre lui et contre Mlle Virginie Plain, sa somnambule. Le juge d'instruction de Bressuire et le chef du parquet de ce tribunal veulent, disent-ils, arracher M. Pihoué à l'empire des chimères. Aux yeux de ces deux magistrats, tout est fantastique chez le sieur Pihoué, et tout est déception de la part du sieur Ricard et de Mlle Virginie Plain. D'abord M. Pihoué n'éprouve, dans ses souffrances, aucun soulagement, et M. Ricard et Mlle Plain sont deux simples escrocs qui, par des manœuvres frauduleuses et à l'aide de leur pouvoir imaginaire, persuadent sans aucune raison, soit au sieur Pihoué, soit à ses amis, soit à sa famille, soit à Mme Pihoué elle-même, l'existence d'un succès purement chimérique qui serait le rétablissement du malade ou une amélioration quelconque dans son état; telle est l'application que ces deux magistrats se disposent en commun à faire de l'article 405 du Code pénal.

Nous avons vu le sieur Pihoué et sa famille expliquer l'origine des rapports qui se sont établis entre le malade et le magnétiseur et les causes qui les ont produits. Nous avons, et toujours à l'aide de l'instruction, donné les détails relatifs à la consultation, aux expériences faites à Bressuire, et au traitement administré au sieur Pihoué dans son séjour à Paris. Sur tous ces faits d'ailleurs l'opinion du malade, celle des membres de sa famille et de ses amis est connue. Voyons, toujours d'après l'instruction, quelle a été plus tard l'opinion du malade, de sa famille, de ses amis, depuis qu'enfin il aurait été soustrait à la puissance mystérieuse qui offusquait sa raison, et que le mandat d'amener des magistrats de Bressuire a dû faire tomber l'épais bandeau qui obscurcissait ses yeux.

Il écrit à sa grand'-mère, le 27 mai : « Je désire que votre santé soit aussi bonne que la mienne en ce moment ; elle ne peut pas être meilleure, et depuis long-temps je n'éprouve plus la moindre indisposition. »

Il écrit, le 8 août, à M. Ricard : « Je fais très-exactement tout ce que vous me recommandez de faire ; ma santé va toujours de mieux en mieux. »

Il écrivait encore au sieur Ricard, à l'occasion de la poursuite dont ce professeur était l'objet : « Mon cher monsieur Ricard, j'ai été sensible à vos nouveaux chagrins ; ma santé va de mieux en mieux.... ; comptez toujours, vous et mademoiselle Virginie, sur la sincérité de mon attachement ; j'espère être avant peu radicalement guéri. »

M. Legressier, maire de la ville de Thouars, écrit de son côté au sieur Ricard : « Personne plus que moi n'a pris et ne prend encore part à vos chagrins. Cette infâme conduite irrite tous les amis de M. Pihoué ; ils ne peuvent se rendre compte de la légèreté avec laquelle un parquet se laisse aller à un anonyme.

« Les soins que vous donniez à M. Pihoué, avec autant de désintéressement que de talent, soins qui étaient couronnés par le rétablissement de sa santé, auraient dû au contraire vous mériter les éloges d'un parquet qui connaissait la malheureuse position dans laquelle vous avez trouvé M. Pihoué. »

C'est dans ces circonstances qu'on rend à Bressuire, à la date du 3 septembre, un jugement qui condamne, pour fait d'escroquerie, le sieur Ricard et mademoiselle Plain, le premier à un mois d'emprisonnement, et la somnambule à quinze jours de la même peine. Sur l'appel interjeté par les prévenus, et l'appel *à minimá* de M. le procureur du roi du lieu, le tribunal de Niort, *attendu que pour réparation la peine ne se trouve pas en rapport avec la gravité du délit*, condamne les deux prévenus, l'un et l'autre, en six mois de prison.

Telles sont les deux décisions déférées à votre censure. Elles n'en font qu'une seule et même, car, par la seconde, les motifs des premiers juges ont été surabondamment adoptés.

M⁰ Mandaroux Vertamy donne ici lecture des passages de ces deux décisions où sont spécifiés les faits de fraude imputés aux prévenus. Il donne aussi lecture de l'art. 405 du Code pénal, et détermine, à l'aide de cet article, les faits qui, par leur réunion, amènent l'application de la loi pénale et constituent le délit d'escroquerie.

Ainsi, dit l'avocat, s'il y a eu manœuvres frauduleuses, si ces manœuvres frauduleuses ont eu pour objet de faire croire à un pouvoir imaginaire, enfin si, à l'aide de ce pouvoir imaginaire, on est parvenu à extorquer de l'argent en promettant un succès chimérique, il y a escroquerie.

Au contraire, si ces diverses conditions n'existent que séparément, si elles ne se trouvent point réunies, la peine a été illégalement appliquée aux faits déclarés constants ; dès lors la cassation devient inévitable.

En effet, y eût-il manœuvres frauduleuses, si le pouvoir dont on se dit l'agent est réel, il n'y a point délit d'escroquerie.

En sens contraire, le pouvoir fût-il imaginaire, s'il n'y a pas eu manœuvres frauduleuses pour faire croire à sa réalité, il n'y a pas davantage délit d'escroquerie.

Par exemple un médecin qui, par des manœuvres frauduleuses, ferait croire au pouvoir qu'il a de guérir ; le ministre d'un culte qui, par de semblables moyens, garantirait l'efficacité de ses prières ; le personnage politique qui garantirait l'efficacité de son crédit, commettraient sans doute dans l'ordre moral et religieux un méfait odieux et digne de la réprobation des gens de bien ; mais ils ne commettraient point le délit spécial d'escroquerie, précisément parce que tout indignes de confiance qu'ils soient dans leur conduite, ils sont néanmoins les agents d'un pouvoir qui n'est en soi ni fantastique ni imaginaire.

Cela posé, nous soutenons que la puissance dont Ricard se dit le dispensateur est tout autre chose qu'un pouvoir imaginaire ; en tout cas, ce n'est point Ricard qui a provoqué la confiance de M. Pihoué ; en tout cas d'ailleurs, ce professeur est exempt de manœuvres frauduleuses ; enfin aucun succès n'avait été par lui promis, et pourtant un succès complet a été obtenu.

Et d'abord, y a-t-il eu manœuvres frauduleuses de la part des deux prévenus ? Évidemment non, puisqu'il n'y a eu en ce qui les concerne des manœuvres d'aucune sorte. Dans des manœuvres on est actif, on arrête un plan, on en prépare et en combine les voies d'exécution.

Or, par les faits de la procédure, par les dépositions des témoins, nous avons vu que le sieur Ricard est resté dans un rôle purement passif. Si une boucle de cheveux lui est envoyée, si une consultation lui est demandée, c'est qu'on a entendu parler de son mérite, bien ou mal apprécié, il n'importe. D'où vient l'opinion qu'on s'est formée de ce mérite? De M. et madame Des Anneaux, dont M. Ricard avait traité et guéri la fille.

Les jugements attaqués déduisent les prétendus faits de manœuvres des annonces que M. Ricard a fait insérer dans les journaux sur le but qu'il se proposait en fondant son institution magnétologique.

A cela deux réponses : D'abord on n'aperçoit point le lien qui existe entre ces annonces de journaux et la confiance accordée à M. Ricard par la famille du malade et le malade lui-même. On a même vu que cette confiance, parfaitement expliquée, tenait à des causes complètement étrangères. En second lieu, que disent ces annonces? Elles disent sur le magnétisme les mêmes choses qui se trouvent dans tous les prospectus de ce genre répandus par des médecins en faveur d'une méthode dont ils sont les inventeurs ou les adeptes.

Les annonces par la voie des journaux ne constituent donc point une manœuvre ; cette manœuvre, en tout cas, n'aurait rien de frauduleux. Le tribunal n'en précise aucune autre d'une manière assez nette pour qu'il soit besoin de se livrer à des réfutations superflues.

Le sieur Ricard et mademoiselle Virginie Plain se sont-ils targués d'un pouvoir imaginaire? Le tribunal n'a pas eu le courage de répondre en termes précis sur cette question ; mais sa pensée se révèle assez clairement dans ce passage de la décision attaquée : — « Attendu qu'un semblable système (celui du somnambulisme) est repoussé par les premières notions du bon sens, et que pour l'admettre il faudrait faire abnégation de sa raison. »

Ainsi, c'est parce qu'aux yeux du tribunal les mystères de la science magnétologique répugnent à la raison, que le magnétisme est par lui présenté comme une découverte imaginaire.

Ici les magistrats s'érigent évidemment en docteurs de la science, et en les prenant, puisqu'ils le veulent, dans cette qualité, nous leur demanderons si dans le vaste savoir qu'ils possèdent ils sont parvenus à se rendre un compte satisfaisant des mystères de la génération, de ceux de la végétation, même de la dé-

clinaison de la boussole, comme des phénomènes très-incontestables opérés en plusieurs
lieux, depuis longues années, par l'abbé Paramel? Qui de vous ignore que cet ecclésias-
tique modeste et pur possède le don merveil-
leux de découvrir à d'immenses profondeurs
la présence d'une source et d'un courant. Il a
fait, il y a peu de temps, l'une des miracu-
leuses découvertes dont sa vie abonde, chez
l'un de mes amis, dans une terre jusqu'alors
désolée par une aridité jugée sans remède.

Ce sont là des faits constants, et jusqu'à ce
que le tribunal de Niort nous ait expliqué les
merveilles produites par l'abbé Paramel, nous
serons en droit de lui dire qu'un pouvoir ne
saurait, par un tribunal de police correction-
nelle, être réputé imaginaire, sous le vain pré-
texte qu'il est inexplicable et ne paraît tenir
que du prodige.

Au surplus, un rapide coup d'œil jeté sur
l'état présent de la science nous fera voir que
les savants les plus illustres se sont prononcés
sur le magnétisme dans un sens moins tran-

chant que ne l'ont fait les juges correctionnels de Bressuire et de Niort.

Ce fut vers l'année 1778 que l'Académie de médecine de Paris entendit parler pour la première fois de magnétisme. Antoine Mesmer, un médecin, fut le premier qui appela l'attention du monde savant sur cette découverte. Mesmer adressa à la Faculté de médecine de Paris un mémoire dans lequel il développait ses idées sur le magnétisme. En 1784, le roi Louis XVI nomma une commission prise dans le sein de la Faculté de médecine. Le rapport de cette commission fut fait au roi lui-même. Mesmer laissa en France d'assez nombreux disciples : d'abord le doyen de la Faculté de médecine de l'époque, M. D'Eslon, le célèbre avocat Bergasse et le marquis de Puységur. Les conclusions de cette commission ne furent point, à ce qu'il paraît, favorables à la nouvelle découverte.

En 1820, le magnétisme avait fait de notables progrès dans les esprits. M. le docteur Husson, qui professait à l'Hôtel-Dieu un cours de clinique médicale, autorisa des expériences

magnétiques sur quelques malades de cet hôpi-
tal. Le célèbre docteur Georget exposa les résultats des expériences magnétiques qu'il avait
pratiquées lui-même. M. Rostan, professeur
distingué, rendant compte dans le *Dictionnaire
de Médecine* des phénomènes somnambuliques
rapportés par Georget, s'exprimait ainsi :

« On ne peut ici soupçonner la simulation
et la fraude, car la volonté seule, l'intention
de paralyser un membre, la langue ou un sens,
m'a suffi pour produire cet effet que parfois j'ai
eu beaucoup de peine à détruire. »

Plus loin, parlant des effets thérapeutiques
du magnétisme, il ajoute : « Ils étaient bien peu
médecins, peu physiologistes et peu philosophes, ceux qui ont nié ces effets ! Ne suffit-il
pas que le magnétisme détermine des change-
ments dans l'organisation pour conclure rigou-
reusement qu'il peut jouir de quelque puissance dans la guérison des maladies ? Cette
vérité, démontrée par le raisonnement, l'est
bien plus encore par l'expérience. »

Des hommes de lettres et des savants, en
tête desquels on doit placer M. Deleuze,

homme pur et vénéré, avaient pareillement pris parti pour le magnétisme ; mais nous devons, dans cet historique, nous occuper principalement de l'opinion des médecins.

En 1825, sur un mémoire présenté à l'Académie de médecine par le docteur Foissac, une commission fut désignée ; elle était composée de MM. Adelon, Pariset, Marc, Husson et Burdin. Les conclusions du rapport furent qu'on devait charger une commission spéciale de l'examen et de l'étude du magnétisme animal. Le 14 février 1826, cette proposition fut adoptée par trente-cinq voix contre vingt-six. Cette seconde commission présenta en 1831 un rapport approfondi et rempli de faits par elle vérifiés et constatés. Entre autres, elle rapporta ce phénomène en quelque sorte miraculeux de l'opération d'un cancer ulcéré faite par M. Cloquet (8 avril 1829) sur une dame demeurant rue Saint-Denis, n° 151, âgée de 64 ans. Cette dame fut endormie par les soins du docteur Chapelain. Le rapport décrit les diverses phases de l'opération qui avait duré dix à douze minutes, et il ajoute : « La malade a continué à s'entretenir tranquillement avec l'opérateur, et n'a pas donné le plus léger signe de sensibilité. »

Il est encore rapporté qu'après le pansement M. Chapelain réveilla paisiblement la malade.

Le même rapport constate une autre expérience d'une égale authenticité et presque aussi merveilleuse; elle fut faite sur un des membres de la commission, M. le docteur Marc, dont mademoiselle Céline, en état de somnambulisme, décrivit la maladie avec une exactitude qui confondit le docteur d'étonnement.

Les conclusions de la commission, dans ce rapport, sont que le magnétisme, considéré comme agent de phénomènes physiologiques ou comme moyen thérapeutique, devait trouver sa place dans le cadre des connaissances médicales.

D'autres expériences furent faites plus tard par mademoiselle Léonie Pigeaire. Des médecins, des gens du monde, des membres appartenant aux deux Chambres, ont attesté par leur signature que cette jeune enfant avait lu couramment les yeux bandés ; mais nous laissons de côté le récit de ces phénomènes. Nous tenons, dans cette analyse historique de l'état de la science depuis 1778 jusqu'à nos jours, à n'invoquer d'autres opinions que celles des membres du corps médical et des savants. Nous devons négliger tout autre témoignage, et c'est aussi ce que nous faisons.

Certes, quand on parcourt cette nomenclature imposante de noms célèbres, ayant tour à tour exprimé leur opinion en faveur du magnétisme, ou rapporté les phénomènes dont ils ont été les spectateurs ou les agents, on se demande si le magnétisme et le somnambulisme ne sont pas, scientifiquement parlant, des faits aussi bien établis que peut l'être telle autre méthode curative mise en vogue par quelques médecins, l'homœopathie et l'hydrosudopathie, par exemple.

« Un semblable système est repoussé par les premières notions du bon sens, et pour l'admettre dit le tribunal de Bressuire, il faudrait faire abnégation de sa raison. »

Sur ce penchant quelquefois trop altier de l'esprit humain à repousser comme absurdes des vérités dont on ne peut parvenir à se rendre compte, le savant médecin qui présenta en 1825, au sein de l'Académie de médecine de Paris, le rapport de la commission, disait : « Presque de nos jours, nous avons vu successivement la circulation du sang déclarée impossible, l'inoculation de la petite vérole considérée comme un crime, ces énormes perruques, dont plusieurs d'entre nous ont eu la tête surchargée, être proclamées infiniment plus salubres que la chevelure naturelle. »

Ailleurs, il ajoutait : « Qui n'a encore présente à la pensée la proscription qui frappa toutes les préparations de l'antimoine sous le décanat du fameux Gui Patin ? Qui a pu oublier qu'un arrêt du Parlement, sollicité par la Faculté de médecine de Paris, défendit l'usage de l'émétique, et que quelques années après Louis XIV étant tombé malade et ayant dû sa guérison à ce médicament, l'arrêt du Parlement fut révoqué par suite d'un décret de la même Faculté, et l'émétique replacé au rang qu'il tient encore dans la matière médicale? Enfin, ce même Parlement n'a-t-il pas défendu, en 1763, que l'on pratiquât l'inoculation de la petite vérole dans les villes et faubourgs de son ressort; et onze ans après, en 1774, à seize kilomètres de la salle de ses séances, Louis XVI, ses deux frères, Louis XVIII et Charles X, ne se firent-ils pas inoculer à Versailles, dans le ressort du Parlement de Paris? »

Il y a donc dans la science et dans l'art magnétologiques tout autre chose qu'une chimère, qu'une simple fantasmagorie, qu'un pouvoir purement imaginaire. M. Pihoué ayant, sans succès, imploré les secours de la médecine usuelle, a pu placer quelque confiance dans les effets d'un art signalé par le savant professeur Rostan et par d'autres médecins éminents comme particulièrement efficace dans les maladies du genre de la sienne. Dans tous les cas, il est établi en fait que le sieur Ricard n'a été, par aucun acte répréhensible, la cause déterminante de la confiance que lui a accordée M. Pihoué.

Mais il faut aller plus loin. Un délit d'escroquerie n'existe qu'autant qu'outre les manœuvres frauduleuses pour faire croire à un pouvoir imaginaire, on a extorqué de l'argent en promettant un succès chimérique.

De la part du sieur Ricard, aucun succès n'avait été promis, et un succès pourtant très-complet a été obtenu. Je ne suis point, messieurs, le détracteur de la médecine; j'ai confiance en cet art salutaire, et j'honore les hommes en très-grand nombre qui l'exercent sous nos yeux fort honorablement. Les sarcasmes et les railleries dont on poursuit cette science me touchent fort peu. Quelle est, d'ailleurs, la profession qui peut se dire à l'abri du badinage des esprits légers ? J'aime cette définition que donnait de la médecine un homme très-compétent : C'est un art qui guérit quelquefois, soulage souvent et console toujours ; mais enfin, cet art a ses mécomptes et ses revers. Plus d'un médecin a dû sa réputation à des cures que ses amis et lui proclamaient avoir été complètes. Quelquefois le médecin argumente le malade pour lui prouver qu'il est guéri, et si le malade conteste le fait, on ne qualifie plus son mal que du nom désolant de maladie imaginaire.

Ici c'est autre chose; le malade s'est proclamé guéri; sa famille, ses amis ont partagé la même conviction et proclamé tout haut le plein succès du traitement; le médecin seul a gardé un silence modeste qui, il faut le dire, n'a pas été sans dignité.

En effet, M. Pihoué écrit, le 17 mai, à sa grand'mère : « Je désire que votre santé soit aussi bonne que la mienne en ce moment ; elle ne peut pas être meilleure, et depuis long-temps je n'éprouve plus la moindre indisposition. »

Le même écrit à M. Ricard, le 8 août suivant : « Ma santé va toujours de mieux en mieux; j'espère pouvoir avant peu reprendre mes occupations habituelles. » Madame Pihoué dépose: «Quoi qu'on ait pu dire, mon mari est dans un état de santé satisfaisant, et dans tous les cas bien meilleur qu'il n'avait été depuis trois ans.»

M. Chauvin de Lénardière, ami du malade, dépose : «Je voyais de jour en jour l'état physique et moral de M. Pihoué devenir plus satisfaisant.» M. Legressier, maire de la ville de Thouars, écrit le 16 juin à M. Ricard : « M. Pihoué nous est rentré très-bien portant. C'est à vous, Monsieur, que nous devons le rétablissement de la santé de mon beau-frère. »

Enfin, M. Pihoué lui-même écrit au professeur qui lui a donné des soins à la fois tendres et éclairés : « Ma santé va de mieux en mieux, et j'espère avant peu être radicalement guéri. »

M. Pihoué était atteint d'une maladie qu'on réputait incurable, et que nous nous abstenons de nommer ici. Il a été guéri, il se proclame tel, et ses parents et ses amis viennent applaudir à ce témoignage. Si la maladie était réelle, le mal a disparu; si la maladie était imaginaire, l'imagination a du moins été calmée. Dans une hypothèse comme dans l'autre, il y a eu cure et cure complète. Qu'eût pu faire de mieux le médecin le plus renommé?

Résumons cette discussion.

Le sieur Ricard et Mlle Virginie Plain sont à l'abri de reproches : l'un et l'autre étaient dignes des éloges qui leur ont été donnés.

Aucune trace de manœuvres frauduleuses.

Impossible même de spécifier contre eux un seul acte qui mérite la qualification de manœuvres. Le pouvoir dont ils sont l'un et l'autre les agents réels et puissants, n'est un pouvoir imaginaire que pour les juges correctionnels de Bressuire et de Niort : il ne l'est point pour plusieurs médecins célèbres, pour les membres de la commission choisie au sein de la Faculté de médecine de Paris, et pour des savans de l'ordre le plus élevé.

M. Ricard et Mlle Plain n'ont promis, en accordant leurs soins au malade, aucun succès certain dans leur entreprise, mais au lieu de promesses, c'est une douce réalité qu'ils ont apportée à un malade et à une famille désolée. Se sont-ils environnés de mystères ténébreux pour capter la confiance du malade ? Nullement; leurs expériences ont été faites au grand jour, sous les yeux des propres médecins de M. Pihoué. Le tribunal de Niort a osé dire que le sieur Pihoué avait succombé à la maladie dont il était atteint; le certificat du médecin qui l'a soigné dans ses derniers moments donne à cette assertion un éclatant démenti.

La pratique du magnétisme n'est sans doute pas sans danger ; elle peut constituer un exercice illégal de la médecine; elle peut, en certaines occasions, offrir des dangers pour les mœurs ; mais quelle est la profession, quelque pure qu'elle soit, qui est exempte de ces dangers? M. Ricard donne un exemple salutaire en n'opérant que sous les yeux et le contrôle d'un médecin. Il n'a donc commis aucun délit, il est exempt de toute infraction, il n'a encouru, sous quelque point de vue qu'on envisage sa conduite, ni blâmes ni reproches d'aucune espèce; la décision qui frappe ce professeur et sa jeune somnambule n'échappera donc point, j'en ai la ferme confiance, à votre juste censure.

M. l'avocat-général de la Palme a commencé par dégager la cause, telle qu'elle se présentait à juger par la Cour, des circonstances purement accessoires énoncées dans le jugement attaqué et qui n'avaient aucun rapport direct avec le délit imputé aux prévenus. Le magistrat n'a pas pensé qu'on pût devant la Cour s'occuper de faits plus ou moins bien vérifiés, sur lesquels les juges de Bressuire et de Niort n'avaient point été appelés à se prononcer.

Passant à l'examen des moyens de cassation présentés à l'appui du pourvoi, M. l'avocat-général a reconnu, conformément à la jurisprudence, qu'il appartenait à la Cour de vérifier si les divers caractères constitutifs du délit avaient été constatés. Il a commencé par examiner, toujours d'après le jugement, s'il y avait trace de manœuvres frauduleuses; il lui a semblé qu'aucune manœuvre de cette nature ne pouvait être imputée aux prévenus. Il y a eu, dit-il, des annonces de journaux, mais des annonces de journaux ne constituent point une manœuvre, car tous les auteurs d'une découverte, vraie ou fausse, ont recours à cette voie pour entrer en communication avec le public.

Examinant en second lieu l'imputation faite aux prévenus de s'être targués d'un pouvoir imaginaire, M. l'avocat-général a pensé qu'en l'état de la science, on ne pouvait donner raisonnablement une pareille qualification à une découverte tenue pour réelle par les médecins célèbres et par des hommes notables dans la science. Il a ajouté que, dans tous les cas, ce n'était point à des juges correctionnels qu'il appartenait de se prononcer sur ce qu'il pouvait y avoir de véritable ou d'erroné dans cette science. Au point même, a dit l'avocat-général, où elle est arrivée, il est à regretter que le corps honorable des médecins n'en ait pas fait un examen plus spécial, afin d'employer, s'il y a lieu, cette découverte comme moyen curatif. Sans doute, a-t-il dit, des escroqueries peuvent être commises à l'aide du magnétisme, mais on en peut commettre à l'aide aussi de la médecine. On traite les magnétiseurs de charlatans, mais ces qualifications ne sont-elles pas données tous les jours, par les médecins eux-mêmes, à ceux de leurs confrères qui se présentent comme inventeurs de nouvelles méthodes? Que n'a-t-on pas dit, par exemple, de l'homœopathie?...

Enfin, examinant s'il y avait eu un succès chimérique promis, M. l'avocat-général a reconnu d'une part, qu'aucun succès n'avait été positivement promis, et que dans tous les cas, le malade et sa famille s'accordaient pour reconnaître qu'un soulagement réel avait été obtenu.

Il a ajouté que les expériences avaient été faites du consentement du malade, en présence de ses propres médecins, et que rien n'attestait qu'il y eût eu de la part des prévenus quoi que ce fût qui ressemblât à la fraude ou à l'artifice.

Ce magistrat a conclu à l'annulation du jugement.

La Cour, après un long délibéré dans la Chambre du conseil, a prononcé la cassation en ces termes :

« Vu l'article 405 du Code pénal :

« Attendu que cet article définit le caractère et le but des manœuvres frauduleuses dont l'emploi constitue le délit d'escroquerie ; qu'il appartient à la Cour de rechercher si les faits énoncés dans le jugement attaqué ont été légalement qualifiés ;

« Attendu que ces faits se réduisent, suivant ce jugement, d'une part, aux annonces d'un moyen curatif, et, d'autre part, à l'emploi de ce moyen, qui serait le magnétisme ;

« Attendu que le jugement attaqué ayant reconnu, avec raison, qu'il n'avait point à s'ex-

pliquer sur le mérite et les effets du magnétisme animal, il en résultait l'obligation, pour
constituer le délit d'escroquerie imputé aux
prévenus, d'établir, à l'aide des faits et des circonstances de la cause, que les manœuvres par
lesquelles ceux-ci auraient voulu persuader
l'existence d'un pouvoir imaginaire, pour faire
naître l'espoir d'un évènement chimérique, et
escroquer ainsi partie de la fortune d'autrui,
étaient autres que l'emploi du magnétisme ;

« Et, attendu qu'en dehors de l'emploi de ce
système, le jugement attaqué ne signale aucun
fait qui serait de nature à justifier la qualification du délit d'escroquerie et l'application de la
peine ;

« Que néanmoins, il a appliqué l'article 405
du Code pénal ;

« En quoi, il a été fait une fausse application
de cet article,

« La Cour casse et annule. »

M. Ricard et Mlle Virginie Plain sont ren-
voyés devant la Cour royale d'Angers pour y
être jugés définitivement.

Il est probable que, sitôt après l'affaire terminée, M. Ricard publiera l'histoire de son procès, et qu'il révèlera à ses lecteurs bien des choses curieuses qui, quoique vraies, ne sont pourtant pas vraisemblables, surtout à l'époque et dans le pays où nous vivons.

FIN.

TABLE DES MATIÈRES.

PREMIÈRE PARTIE.

DEUXIÈME PARTIE.

FIN DE LA TABLE.